油气储运企业高风险作业安全检查系列丛书

动土作业安全检查

国家管网集团东部原油储运有限公司　组织编写

中国石化出版社

图书在版编目（CIP）数据

动土作业安全检查 / 国家管网集团东部原油储运有限公司组织编写．— 北京：中国石化出版社，2022.10
（油气储运企业高风险作业安全检查系列丛书）
ISBN 978-7-5114-6806-2

Ⅰ．①动…　Ⅱ．①国…　Ⅲ．①石油与天然气储运 – 挖掘机械 – 安全检查 – 技术培训 – 教材　Ⅳ．① TE97

中国版本图书馆 CIP 数据核字（2022）第 155868 号

中国石化出版社出版发行
地址：北京市东城区安定门外大街 58 号
邮编：100011　电话：（010）57512500
发行部电话：（010）57512575
http：//www.sinopec-press.com
E-mail：press@sinopec.com
北京富泰印刷有限责任公司印刷
全国各地新华书店经销
*
787×1092 毫米 32 开本 1.25 印张 22 千字
2023 年 9 月第 1 版　2023 年 9 月第 1 次印刷
定价：18.00 元

《油气储运企业高风险作业安全检查系列丛书》

编委会

《动土作业安全检查》

编审人员

主　编： 王兢兢　徐　岩　崔志伟

审　核： 陈德良　刘英剑

前言

动土作业是指挖土、打桩、钻探、坑探、地锚入土深度在 0.5m 以上；使用推土机、压路机等施工机械进行填土或平整场地等可能对地下隐蔽设施产生影响的作业。

国家管网集团东部原油储运有限公司根据 GB 30871—2022《危险化学品企业特殊作业安全规范》、GB 50201—2012《土方与爆破工程施工及验收规范》、GB/T 50484—2019《石油化工建设工程施工安全技术标准》、JGJ 180—2009《建筑施工土石方工程安全技术规范》、GB 50268—2008《给水排水管道工程施工及验收规范》、JGJ 120—2012《建筑基坑支护技术规程》、JGJ 311—2013《建筑深基坑工程施工安全技术规范》以及《危险性较大的分部分项工程安全管理规定》（建办质〔2018〕31 号）、《国家管网集团作业许可安全管理细则》等相关标准和企业制度及现场情况组织业内专家编写了本书。

本书适用于油气储运企业工程建设、监理、承包商从事动土作业的相应管理工作人员参考，也适用于各级安全监管部门、专业安全管理部门及施工单位对施工现场的监督和检查人员参考。

目录

第一章 动土作业前准备 // 01

第二章 动土作业过程安全措施 // 10

第三章 动土作业注意事项 // 19

第四章 明挖基坑类型与支护类型 // 28

第一章 动土作业前准备

（1）在动土作业前，项目管理单位要组织施工单位针对作业内容进行JSA分析，制定相应作业程序及安全措施。

（2）基层单位将制定的安全措施填入《动土安全作业票》，并组织落实。动土作业点示意图附在《动土安全作业票》后面。

作业安全分析表

单位		JSA 组长		分析人员	

工作任务简述：

□新工作任务□已做过工作任务□交叉作业□承包商作业□相关操作规程□许可作业（执行作业许可）

□特种作业人员资质证明

工作步骤	危害描述	后果及影响人员	风险评价			控制措施	残余风险是否可接受
			暴露频率可能性	严重度	风险值		

记录保存年限：一年　　记录填报部门（站队相关岗位）：　　组长（签字）：

（3）项目所在单位组织地下设施管理单位将施工区域地质、水文、地下供排水管线、埋地油气及燃气管道，埋地电缆、埋地电信电缆、测量用的永久性标桩进行交底。

（4）施工单位根据工作任务交底情况及施工要求到现场检查工况，在平面图纸上标出动土的地点，开展动土作业风险分析，如果挖掘深度超过 2m，需要制定专项施工方案。

（5）专项施工方案由作业批准人（基层站队业务分管负责人，升级后为基层单位主要负责人）批准后方可实施。

（6）动土作业应办理《动土安全作业票》，经水、电、气（汽）、通信、工艺、设备、消防与挖掘区域所属基层单位等部门现场确认并会签后下发。涉及动火、临时用电、吊装等作业时，必须办理相应的安全作业票。

（7）《动土安全作业票》监护人应持证上岗，培训部门（如国家管网东部原油储运有限公司的南京培训中心）负责组织业务培训，颁发资格证书。

国家管网

作业监护人 HSE 培训合格证

照片

姓　　名：________

身份证号：________

发证单位：________

有效期至：____年___月___日

国家管网

使用须知

1. 本证只限本人使用。
2. 进入施工作业现场的人员必须佩戴本证，否则不允许进站作业。
3. 请持证人妥善保管，如遗失或损坏请及时补办。

（8）动土作业当日无法完成的，从第二日起每日作业前应进行安全检查，检查表应由双方监护人签字确认。

（9）同一动土点回填与开挖时间间隔大于 1 天，或使用施工机械进行回填作业的，回填作业应单独办理动土安全作业票。

动土安全作业票

编号：

作业申请单位	基层单位	作业申请人	基层单位 业务管理人员	作业申请时间	年 月 日 时 分
作业单位			作业地点		
监护人	作业单位监护人		作业负责人	作业单位负责人	
关联的作业许可证和其他特殊作业安全作业票编号					

作业范围、内容、方式（包括深度、面积，并附简图）：

风险辨识结果（符合“√”）	
	□ 火灾爆炸 □ 高压介质 □ 惰性气体 □ 中毒、窒息 □ 机械伤害 □ 易燃性物质 □ 坍塌、塌方 □ 空间内活动受限 □ 停电 □ 不利天气 □ 高温、低温 □ 火花、静电 □ 淹没、掩埋 □ 人员 □ 触电 □ 转动设备 □ 坠落、滑跌 □ 噪声 □ 辐射 □ 其他：______

序号	安全措施	是否涉及（已落实打√，不涉及打 ×）	确认人
1	地下电力电缆、通信电（光）缆、局域网络电（光）缆已确认，保护措施已落实	×	双方监护人（下同）
2	地下供排水、消防管线、工艺管线已确认，保护措施已落实	√	
3	已按作业方案图画线和立桩	√	
4	作业现场围栏、警戒线、警告牌、夜间警示灯已按要求设置	√	
5	已进行放坡处理和固壁支撑	√	
6	道路施工作业已报：交通、消防、安全监督部门、应急中心	√	
7	现场夜间有充足照明：A.36V、24V、12V 防水型灯；B.36V、24V、12V 防爆型灯	√	
8	作业人员配备有必要的个人防护装备		
9	易燃易爆，有毒气体存在的场所动土超过 1.2m，已按照受限空间作业要求采取了措施		
10	其他相关特殊作业已办理相应安全作业票		
11	其他安全措施： 编制人：		

（10）进行动土作业开始前应根据地下水情况制定抽水或排水方案，以便防止动土期间可能出现的渗水情况。

（11）在开挖区域内进行动土作业时必须穿戴合适的个人劳动保护用品。

（12）沟槽较长时，每隔 8m，利用梯子、阶梯、斜坡或其他方式为进出沟槽提供安全通道。

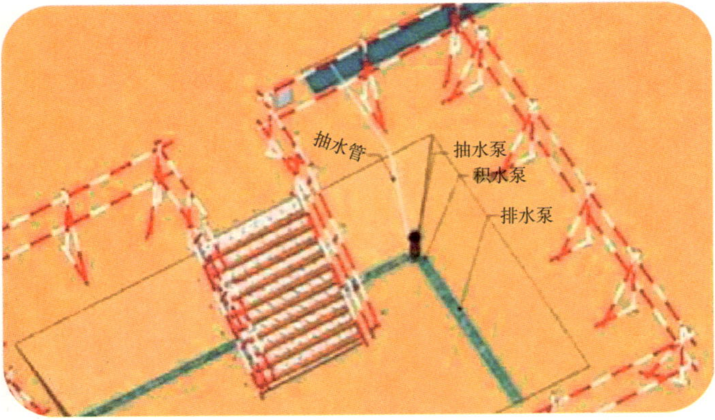

（13）应根据现场土质的类型，确定斜坡或台阶的坡度允许值（高宽比）。

土质分类及坡度允许值

土质类型	密实度或状态	坡度允许值（高宽比）	
		坡高在 5m 以内	坡高在 5~10m
碎石土	密实	1 : 0.35~1 : 0.50	1 : 0.50~1 : 0.75
	中密	1 : 0.50~1 : 0.75	1 : 0.75~1 : 1.00
	稍密	1 : 0.75~1 : 1.00	1 : 1.00~1 : 1.25
粘性土	坚硬	1 : 0.75~1 : 1.00	1 : 1.00~1 : 1.25
	硬塑	1 : 1.00~1 : 1.25	1 : 1.25~1 : 1.50

第二章 动土作业过程安全措施

（1）进行动土作业时，现场的开挖区域必须安放合适的硬防护栏及警示牌，防止人员及车辆进入敞开的开挖区域。

（2）进行动土作业时，除操作和驾驶人员外，现场其他工作人员应与正在移动的挖掘设备保持足够的安全距离，防止人员被设备碰伤。

（3）进行动土作业时，施工机械应该远离开挖区域或边缘。为防止坍塌，在开挖区域四周放坡时应用护板或其他支撑系统进行支撑。

（4）进行动土作业时，应由上至下逐层挖掘，严禁采用挖空底脚和挖洞的方法进行挖掘。

（5）进行动土作业时，挖掘过程若遇有地下设施、混凝土或管线时，必须立即停止所有作业同时向建设单位管理人员进行汇报处置，待查清情况并采取有效措施后方可继续施工。

（6）进行夜间动土作业时，必须保证有足够的照明，施工现场应设围栏、盖板和警告标识，夜间应设警示灯。

（7）进行动土作业时，当进入深度超过 1.2m 的开挖区域时，应进行受限空间作业风险分析，属于受限空间作业的还要办理《受限空间安全作业票》。

（8）进行动土作业，当开挖区域内可能存在有害气体时必须实时进行检测，作业人员应配备相应的劳动防护用品。

（9）进行动土作业时，禁止人员进入没有支撑或未放坡的开挖区域，不应在坑槽井沟内休息。

（10）进行动土作业，开挖时，施工单位应指定专职监护员在现场监护。

（11）进行动土作业时，开挖区域四周必须有合适的支撑或放坡。

（12）进行动土作业，当两名以上作业人员同时挖土时，应相距 2m 以上，防止工具伤人。

（13）动土作业期间应全程视频监控。

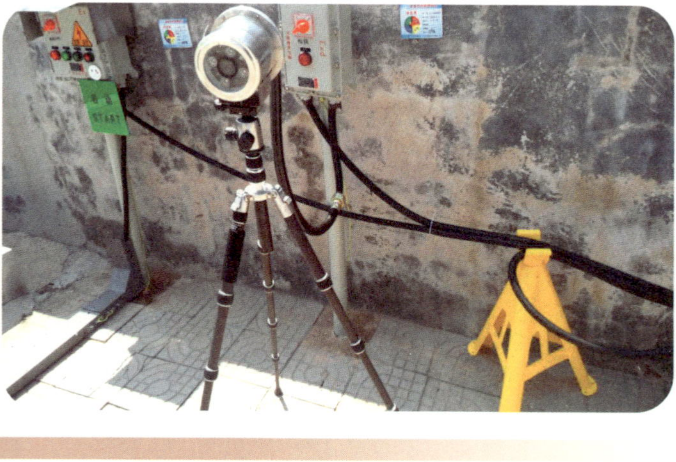

（14）在消防主干道上进行动土作业时，必须分步施工，确保消防车顺利通行。如影响消防通道或者中断交通必须向上级主管部门及消防主管部门报告，并按照GB 30871—2022《危险化学品企业特殊作业安全规范》中的断路作业规定执行。应在断路的路口和相关道路上设置交通警示标识，在作业区附近设置警示灯、导向标等交通警示设施。

（15）动土作业完成后，应由作业申请人、作业批准人、相关方共同签字，关闭《动土安全作业票》。

作业票关闭	工作结束，已经确认现场没有遗留任何安全隐患，许可证关闭	作业单位负责人： 年 月 日 时 分	相关方： 年 月 日 时 分	作业批准人： （基层单位主要负责人） 年 月 日 时 分
作业票取消	因以下原因，此作业票取消：	作业单位负责人： 年 月 日 时 分	相关方： 年 月 日 时 分	作业批准人： 年 月 日 时 分

第三章

动土作业注意事项

（1）大型挖掘设备的操作人员必须具备相应资质并随身携带有效证件。

（2）当挖掘机械或相关设备进行工作时，要有持证的监护人员现场监护。

（3）为保证管道的安全，在机械开挖前，应在管道上方人工开挖 0.5m 宽的探沟，确认管道上方无任何外接物后，再进行机械开挖。在距管道边 1m 范围内应采用人工开挖；在距直埋管线 2m 范围内宜采用人工开挖，避免对管线或电缆造成影响。

推土机作业应垂直于管道进行，挖掘机可以沿管道轴向作业。任何情况下，不得使管道承受来自挖掘机械的压力。进行机械开挖时，要求全程人工监护，确保管道运行安全。特殊地段，可适当减少机械开挖深度或全部采用人工开挖。

（4）在挖掘机配重回转路径的周围要设置警戒区域，严禁在离电缆 1m 距离内进行作业。

（5）进行动土作业时，除指定的专业人员外不允许任何其他人员进入机械或设备的作业区域。

（6）当动土作业施工结束后，应及时回填土石，恢复地面设施。

（7）在基坑开挖前，需要根据施工方案中的放坡断面图、沟槽支护方法以及降水方案确定施工先后顺序。一般顺序为：由上到下挖好一层支撑一层，每一层的支护应随挖随支，严禁一次将土挖好后再支撑。

（8）直接分层开挖包括放坡开挖及无支撑的基坑开挖。

①放坡开挖适合于基坑四周空旷有足够的放坡场地、周围没有建筑设施或地下管线的情况，在软弱地基条件下，不宜挖深过大，一般控制在 5m 以内，在坚硬土中，不受此限制。

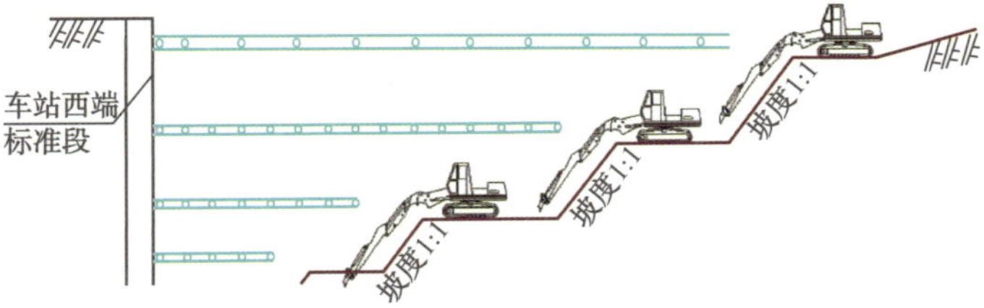

②进行动土作业，在基坑较深、土质较差的情况下，支护结构需在基坑内设置支撑。在有内支撑支护的基坑内进行土方开挖比较困难，其土方分层开挖主要考虑与支撑施工的协调。

③当沟槽挖深较大时，应确定分层开挖的深度。一般人工开挖槽深超过 3m 时应分层开挖，每层的深度不超过 2m；人工开挖多层沟槽的层间留台宽度在放坡开槽时不应小于 0.8m，直槽时不应小于 0.5m，安装井点设备时不应小于 1.5m；采用机械挖槽时，沟槽分层的深度按机械性能确定。

（9）当地下水位高于基坑开挖面时，需要采用降低地下水位的方法，疏干坑内土层中的地下水。在软土地区当基坑开挖深度超过 3m 时，一般就要采用井点降水。开挖深度浅时，亦可边开挖边用排水沟和集水井明排。

如需降水深度较大，可采用深井井点，适用于降水深度 > 15m、渗透系数为 10~250m/d 的基坑。故称为"深井泵法"。

标准管井

小井管井

深井井点

PVC简易管井

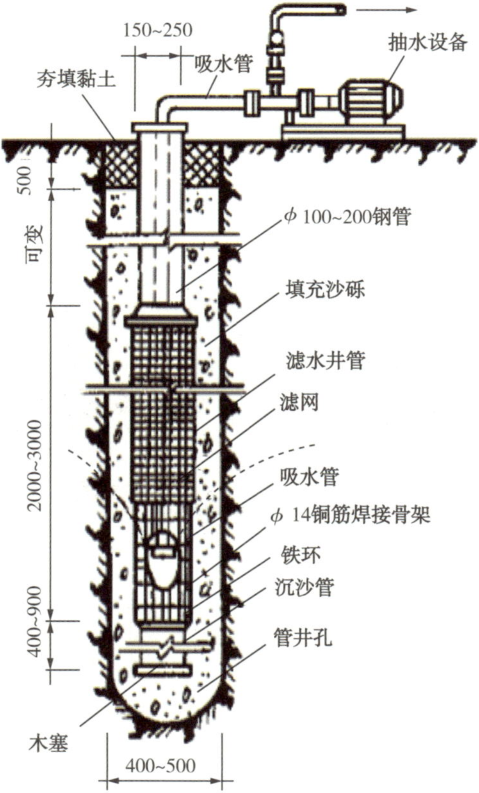

管井井点构造

（注：图中数值单位均为mm。）

（10）支撑的拆除应按回填顺序依次进行。多层支撑应自下而上逐层拆除，拆除一层回填夯实一层，再拆上层。拆除支撑时，应注意防止附近建（构）筑物产生下沉、倾斜或破坏，必要时采取加固措施。

第四章 明挖基坑类型与支护类型

一、明挖基坑类型

明挖基坑主要分为直槽、梯形槽、联合槽等方式，基坑放坡形式分为单坡型、台阶型、折线型。

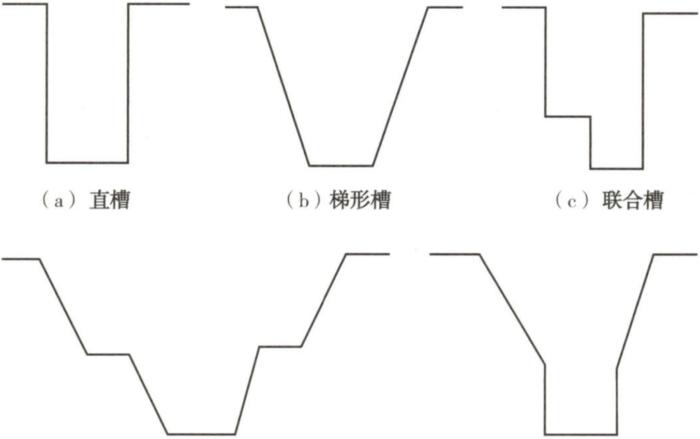

（a）直槽　（b）梯形槽　（c）联合槽

（d）阶梯形槽　（e）混合槽

直槽

混合槽

梯形槽

阶梯槽

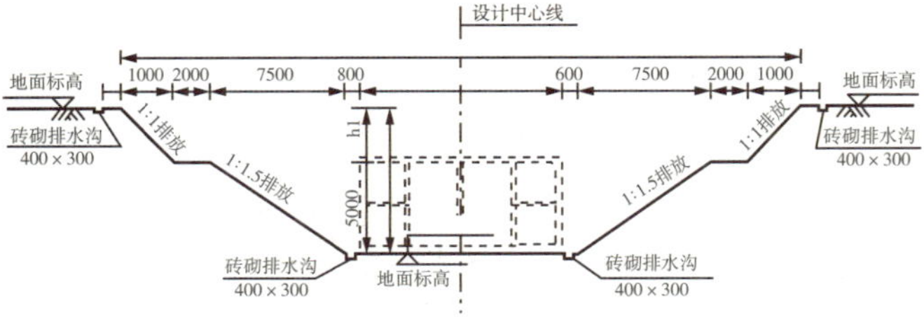

开槽横截面

（注：图中数值单位均为mm。）

二、基坑支护类型

基坑常用柱列式排桩、板桩、地下连续墙、型钢水泥土墙等独立支撑或与内支撑、锚杆组合形成的支撑体系进行支护。

钢板桩支护

内支护

土钉墙支护

重力式水泥墙支护

SMW工法支护（型钢水泥土搅拌墙）

外拉锚支护